Jürgen Dollmann

Análise semiótica das estruturas dos edifícios do Wimpfener Königspfalz

Jürgen Dollmann

Análise semiótica das estruturas dos edifícios do Wimpfener Königspfalz

Uma contextualização da história, da teologia, da filosofia e da arquitetura medievais

ScienciaScripts

Cover image: Disponibilizado pelo autor

This book is a translation from the original published under ISBN 978-620-0-44882-8.

Publisher:
Sciencia Scripts
is a trademark of
Dodo Books Indian Ocean Ltd. and OmniScriptum S.R.L publishing group

120 High Road, East Finchley, London, N2 9ED, United Kingdom
Str. Armeneasca 28/1, office 1, Chisinau MD-2012, Republic of Moldova, Europe
Printed at: see last page
ISBN: 978-620-7-90068-8

Conteúdo

1. Introdução e tese

Muitas pessoas na Alta Idade Média tendiam para uma interpretação simbólico-alegórica do seu ambiente sensorialmente percetível, como pode ser explicado neste livro a partir de várias fontes e perspectivas. Esta visão do mundo estava fortemente relacionada com o cristianismo, que caracterizou a Idade Média: por detrás da superfície do mundo visível, pressupunha-se a obra de Deus, que não podia ser diretamente revelada às pessoas. No entanto, as possibilidades de reconhecer verdades para além do mundo empírico já tinham sido analisadas pelos teólogos e filósofos da escolástica na Antiguidade tardia, mas sobretudo na Alta Idade Média, onde, para além dos textos bíblicos, também se fazia referência aos escritos dos filósofos antigos, sobretudo Platão e Aristóteles. Da combinação destas fontes, chegou-se à conclusão, entre outras coisas, de que Deus oferece ao homem *sinais* para obter um conhecimento supra-empírico. [1]Isto foi feito através de símbolos ou alegorias, ou seja, através de palavras ou imagens, bem como através de acontecimentos que tinham de ser interpretados.

[2]A assunção de uma verdade mais profunda por detrás da superfície do mundo sensual teve efeitos visíveis nas obras de arte medievais, que, por isso, também tinham elementos simbólico-alegóricos e não deviam, certamente, ser vistas apenas de uma perspetiva estética. Tanto as pinturas como a arquitetura das igrejas ou dos palácios reais e imperiais podem, portanto, ser analisadas nesta perspetiva. [3]Na história da arte, este é um método cientificamente reconhecido no contexto da iconografia, a

[1] Para a terminologia de símbolo e alegoria, ver secção 3.2

[2] Em contraste com a utilização do termo "estética" por Georg Wilhelm Friedrich Hegel, por exemplo, este não se refere à redução idealista da beleza e da arte, mas é entendido no sentido do termo grego *aisthesis* como perceção e sensação (Cancic e Mohr 1988, 131).

[3] Para exemplos, consultar Poeschel 2007, passim.

arquitetura medieval só foi analisada nesta perspetiva há alguns anos.[4] Uma vez que o conflito político predominante na Alta Idade Média era o dualismo do império e do papado, e portanto a questão de saber se a primazia pertencia ao poder secular ou ao poder espiritual, a análise simbólico-alegórica dos edifícios medievais terá também de ser analisada em função deste conflito. [5]No que diz respeito ao palácio real de Wimpfen , não houve até à data qualquer trabalho sobre estes aspectos, e esta lacuna deve ser preenchida com a presente análise.

Para além da contextualização histórica e da teologia e filosofia do escolasticismo, o enfoque metodológico incide sobre aspectos gerais da história da arte e da arquitetura, bem como sobre a semiótica de Ferdinand de Saussure. As análises de Umberto Eco sobre a arte e a beleza medievais forneceram sugestões essenciais e úteis. A tese central do presente trabalho pode ser deduzida das fontes e da metodologia: O ritmo numérico conspícuo da fila de arcadas, a ordem igualmente conspícua das colunas e a ostentação do Wimpfener Königspfalz são considerados portadores de significado. Estas estruturas referem-se, de forma não verbal, a acontecimentos e ideias contextuais e socioculturais do período de construção, que se caracterizou pelo cristianismo, e que proporcionam uma visão para além dos meros factos históricos.

As secções 2 e 3 desta tese apresentam o contexto teológico, filosófico e estético em que o Wimpfener Pfalz pode ser classificado com base no seu período de construção. A secção 4 descreve o impacto deste contexto na arquitetura medieval em geral. A secção 5 fornece uma introdução à semiótica, antes de analisar o Wimpfener Pfalz em termos destes aspectos

---

[4] Uma panorâmica geral pode ser encontrada, por exemplo, em Binding 1998 e Bandmann 1998, ambos os autores referidos várias vezes no presente trabalho.

[5] A cidade só recebeu o nome de *Bad* Wimpfen em 1930; o nome histórico *Wimpfen é* utilizado no texto.

na secção 6. Finalmente, reflecte-se sobre as críticas justificadas a esta tese. No entanto, são apresentadas razões pelas quais a necessidade de uma tal análise é, não obstante, histórica e socioculturalmente significativa e plausível.

2. O contexto filosófico e teológico da Idade Média

A teologia medieval não pode ser compreendida sem conceitos básicos da filosofia grega. Para uma compreensão mais aprofundada, consultar a bibliografia.

[6]No século IV a.C., *Platão* comparou o mundo transitório das aparências com as *ideias* imutáveis. O mundo sensorialmente percetível é um lugar de aparências frequentemente ilusórias que escondem a realidade imutável por detrás delas (Papineau 2006, 77 f.). Segundo Platão, as ideias têm uma existência autónoma. No entanto, como o mundo das aparências é uma imagem do mundo das ideias, o mundo das ideias pode ser reconhecido a partir da formação de analogias. (Aster 1968, 6468). Alguns anos mais tarde, *Aristóteles* desenvolveu a sua filosofia, mais mundana, na medida em que não se ocupava da ideia, mas do conceito de substância: a matéria (hyle) deve ser acompanhada pela forma (morphe), que acaba por criar o individualmente real; a matéria é assim *informada*. Por exemplo, o *barro* material transforma-se num *tijolo* através da forma, o *tijolo* material é formado numa *parede*, esta forma, por sua vez, transforma-se numa *casa*. Este *princípio de substância-forma* (só mais tarde designado por *hilemorfismo*) pode então ser logicamente remetido para uma forma abstrata primeira e pura, um "primeiro motor" que é ele próprio imóvel (Aster 1968, 87). Outro elemento importante da teoria aristotélica

A filosofia é a distinção entre a *existência das* coisas, por um lado, ou seja, *o seu ser*, e a sua *essência*, por outro. As filosofias de Platão e Aristóteles

---

[6] Nesta obra, os anos *a.C. - antes de Cristo - são* indicados como a.*C. - antes da nossa era - de forma* religiosamente neutra. Os anos sem outra especificação correspondem a *n. Chr. - u. Z. - nossa era.*

foram retomadas e transformadas teologicamente no cristianismo:

Uma figura decisiva na patrística foi Agostinho (354-430), que se referiu ao sistema de pensamento filosófico de Platão (Aster 1968, 129). A sua receção de Platão, uma forma de neoplatonismo, foi a primeira a "emprestar linguagem ao pensamento filosófico da era cristã" (Gadamer 1965, 272). Para Agostinho, a verdade absoluta que se esconde por detrás do mundo das aparências é "o ser de Deus" (Aster 1968, 129 f.). Analogamente, uma alma no sentido cristão pode ser vista por detrás da vida humana individual no sentido neoplatónico.

[7]Foi apenas no início da Idade Média que as obras de Aristóteles foram redescobertas através do contacto com o Islão no Ocidente, por exemplo durante a imigração moura para a Península Ibérica e, mais tarde, durante as Cruzadas. Filósofos muçulmanos como Avicena (9801037) e Averróis (1126-1198) desempenharam um papel decisivo neste processo, transmitindo os textos de Aristóteles ao Ocidente (Franzen 2006, 212 f.). Os filósofos e teólogos cristãos do Ocidente ficaram impressionados com a clareza deste pensamento e esforçaram-se por combinar a filosofia aristotélica com a doutrina cristã. Anselmo de Cantuária (1033-1109) é considerado o fundador desta escola de pensamento, conhecida como *escolástica* (Franzen 2006, 211). A escolástica forneceu à Igreja Cristã a sua filosofia oficial através de Tomás de Aquino (1225-1274), que ainda hoje é canonicamente válida na Igreja Católica (Gadamer 1965, 272). Segundo Tomás de Aquino, a "primeira forma" desenvolvida por Aristóteles é *Deus*, o "primeiro motor" (Aster 1968, 160). A distinção aristotélica entre *existência* e *essência teve* também uma influência

[7] Aqui, o "Ocidente" deve ser referido de forma não-normativa e histórica, inicialmente ao continente europeu - desde o século XV também à América do Norte - e na Idade Média foi contrastado com o *Oriente*, o *Oriente.* Os problemas do orientalismo e das teorias pós-coloniais não podem ser discutidos aqui.

decisiva no pensamento cristão da Alta Idade Média. Isto pode ser ilustrado, entre outras coisas, pelo facto de, no IV Concílio de Latrão, em 1215, a chamada *transubstanciação*, ou seja, a transformação da hóstia na Eucaristia, ter sido decidida ao abrigo do escolasticismo: com base na autoridade do padre, a hóstia não é transformada da *existência*, mas da *essência,* do *ser* para o corpo de Cristo. (Franzen 2006, 211). Finalmente, na sua obra *Summa theologiae,* Tomás de Aquino desenvolveu uma apresentação global do catolicismo sobre "[...] a base filosófica teológica do aristotelismo cristão [...]" (Franzen 2006, 213). A integração do pensamento filosófico grego levou também a uma reinterpretação de numerosos textos do Novo Testamento:

Umberto Eco refere uma passagem das cartas de S. Paulo que é caraterística da Idade Média (Eco 1993, 79 f.): "Porque agora vemos indistintamente por meio de um espelho, mas depois veremos face a face". (1Cor 13,12).[8] Em correlação com as abordagens - embora fundamentalmente diferentes - da *teoria das ideias* de Platão e do *hilemorfismo* aristotélico, esta citação da Primeira Epístola aos Coríntios foi capaz de plausibilizar filosoficamente o pensamento cristão: Para as pessoas da Idade Média, o mundo estava cheio de referências significativas a Deus por detrás da perceção superficial e sensorial, resultando em duplos significados. Estes

[8] Todas as citações bíblicas (exceto, abaixo, uma citação da *Sabedoria de Salomão* como texto apócrifo) foram retiradas da Elberfelder Studienbibel mit Sprachschlüssel (2005), ver Literatura.

Eco descreve esta forma de pensar como uma "[...] visão simbólico-alegórica do mundo." (Eco 1993, 79). O objetivo dos crentes na Idade Média era o de sondar a verdade divina por detrás das coisas de um ponto de vista êmico, tirando conclusões através de analogias. "Mas a coisa não é o que parece ser; é um sinal de outra coisa" (Eco 1993, 81). Este modo de ver o mundo, cheio de significados, pistas e duplos sentidos, teve um impacto na perceção estética no que diz respeito ao aspeto da *beleza.*

CAPÍTULO 3

3. Sobre a estética da Idade Média

3.1 A beleza na Idade Média

Como resultado dos antecedentes acima explicados, *a beleza* na Idade Média não se referia principalmente à beleza que podia ser apreendida pelos sentidos; o conceito foi alargado à "beleza interior" (Eco 1993, 23). Segundo Eco, a Idade Média desconfiava da beleza exterior, sensorialmente percetível. No entanto, existem analogias entre a beleza que pode ser percepcionada pelos sentidos e a beleza que não pode ser percepcionada pelos sentidos, que, como explicado acima, deve ser reconhecida pelos crentes. [9]Um outro aspeto filosófico é significativo a este respeito: a escolástica definiu as características gerais de tudo o que existe, os chamados *transcendentais,* que incluíam o bem e o verdadeiro: o mundo criado por Deus é *verdadeiro* e deve também ser *bom* (Eco 1993, 37 f.). Atualmente, discute-se muito se *a beleza* também deve ser considerada entre os transcendentais. [10]Na *Summa fratris Alexandri* , o belo é equiparado ao verdadeiro: Verdadeiro, bom e belo são convertíveis e só diferem para a mente. A verdade é a natureza da forma em relação ao interior da coisa, a beleza é a natureza da forma em relação ao exterior (Eco 1993, 42-48). Isto também é interpretado por Albertus Magnus: O bom é inerente ao belo porque o belo tem o mesmo substrato que o bom. Assim, se o olho reconhece uma coisa como *bela,* o intelecto deve tentar reconhecer o *bem* e *a verdade* por detrás dela. Isto também é muito claro numa citação da época de Hugh of St Victor, um místico do século XII:

---

[9] A complexidade da doutrina transcendental da escolástica não pode e não precisa de ser explicada neste texto. Pode ser feita referência a Diemer (1970) página 235 e Eco (1993) páginas 34-48.

[10] O texto foi atribuído a Alexandre de Hales (1185-1245), mas é a obra de três autores franceses em que o problema do carácter transcendental do belo foi esclarecido na sua particularidade (Eco 1993, 42).

Todos os objectos visíveis são colocados diante dos nossos olhos para designar e explicar as coisas invisíveis, e ensinam-nos através do olho de uma forma simbólica, isto é, figurativa... Porque a beleza das coisas visíveis consiste na sua forma... a beleza das coisas visíveis é uma imagem da beleza das coisas invisíveis. (Citado de Eco 1993, 91-92, pontuação de Eco).[11]

Na perspetiva atual, temos algumas dificuldades em empatizar com este pensamento simbólico, pelo que aqui ficam alguns aspectos gerais do conceito de *símbolo.*

3.2 Aspectos gerais do simbolismo medieval

Os termos *símbolo* e *alegoria* eram usados como sinónimos na Idade Média; a sua diferenciação só começou no século XVIII, remontando provavelmente aos aforismos de Goethe (Eco 1993, 85).[12] Por esta razão, Eco formula o *universo simbólico-alegórico* do homem medieval. Segundo o teólogo e historiador de arte Gerd Heinz-Mohr, uma certa redução dimensional torna-se visível na "incerteza e inquietação do homem ocidental-civilizado atual em relação ao símbolo" (Heinz-Mohr 1971, 7):

Ele [nota: o homem] possui uma riqueza de conhecimentos especiais, que tem na mão como fragmentos e que realiza independentemente uns dos outros por uma determinada razão, mas dificilmente tem o "laço unificador" que os une e ordena de forma significativa [...] (Heinz-Mohr 1971, 7, aspas do autor).

Heinz-Mohr refere-se à etimologia do termo *símbolo*: pode ser rastreado até ao grego *συμβάλλειν* (*symbállein),* que pode ser traduzido como *reunir,* "[...] a um lugar significativo [...]" (Heinz-Mohr 1971, 9) pode ser

[11] Não foi utilizada aqui a fonte original em latim, mas sim a tradução de Umberto Eco.

[12] De acordo com estes aforismos, a alegoria traduz o *conceito de um* ***fenómeno*** numa imagem; o símbolo é o *conceito de uma* ***ideia que se mostra*** na imagem (Eco 1993, 85).

traduzido.[13] Neste uso, o símbolo deve ser entendido como algo não estático, pois requer uma participação ativa para ser apreendido. Isto coincide com a interpretação de Eco do termo símbolo, que pressupõe uma "incongruência do símbolo em relação à coisa simbolizada" (Eco 1993, 83 f.). Não há, portanto, identidade entre *símbolo* e *coisa,* mas sim uma relação proporcional que conduz ao prazer estético no contexto de um esforço interpretativo. [14]Eco aponta para um argumento que é particularmente importante na abordagem do presente trabalho: as pessoas de hoje podem não partilhar esta forma de pensar, mas na nossa interpretação dos artefactos medievais temos de ter em conta que naquele tempo - o *universo simbólico* - tudo tinha o seu lugar próprio, tudo correspondia uns aos outros, e procurava-se uma combinação harmoniosa correspondente de verdades visíveis e invisíveis. O contexto filosófico e teológico foi discutido acima.

3.3O simbolismo dos números na Idade Média

O significado dos números remonta a Pitágoras e à sua escola: os pitagóricos foram os primeiros a investigar as relações matemáticas que organizam os tons musicais, com as relações físicas proporcionais a desempenharem um papel central (Eco 1993, 51 f.). Biblicamente, uma citação dos Apócrifos atribuída a Salomão torna-se decisiva para a estética medieval (Eco 1993, 34), que diz o seguinte sobre a criação de Deus: "Mas tu ordenaste tudo segundo a medida, o número e o peso" (Sabedoria 11,21).[15] Esta série de conceitos de medida, número e peso nos

[13] De um ponto de vista crítico, há que salientar que os aspectos etimológicos não podem ser utilizados para atribuir um significado recente a um termo. Uma abordagem pós-estruturalista proibi-lo-ia.

[14] No entanto, este argumento deve também estar relacionado com a criação da versão italiana da obra citada de Eco em 1987. Nos últimos 40 anos, aproximadamente, registou-se um aumento mundial dos estudos religiosos no sentido de uma espiritualidade individualizada e holística (Dollmann 2021, 51-65).

[15] Esta citação, que não está incluída na Bíblia de Estudo Elberfelder como uma escritura

ensinamentos sapienciais de Israel, desenvolvidos entre 80 e 30 a.C., encontra-se também nos escritos gregos de Platão e, mais tarde, de Filo de Alexandria (Binding 1998, 419). Santo Agostinho também comenta, a propósito da *Sabedoria de Salomão*, que a medida e o número reflectem uma ordem divina (Binding 1998, 190; Eco 1993, 34). Para Agostinho, a medida, o número e a ordem encontram-se da forma mais perfeita no próprio Deus (Binding 1998, 191). Isto pode ser ilustrado pelo facto de o Deus Criador ser frequentemente representado com um compasso, como se pode ver na Biblioteca Nacional Austríaca, por exemplo: *Deus, Arquiteto do Universo.*[16]

Segundo o filósofo e teólogo da Antiguidade tardia Boécio (ca. 480-525), *o número é* o princípio básico de todas as coisas, as leis da proporção permeiam todo o cosmos e o *microcosmo* humano corresponde ao *macrocosmo* num modelo simultaneamente matemático e estético. Boécio exerceu assim uma influência decisiva no pensamento medieval. Também aqui, a filosofia grega e as concepções sobre a natureza são alinhadas com as afirmações bíblicas na sua clareza: por um lado, o pré-socrático e matemático grego Pitágoras, por outro, a sabedoria de Salomão com a medida e o número como um princípio divino que cria a ordem. Os números inteiros já desempenhavam, portanto, um papel importante na Antiguidade, mas sobretudo nos textos alegóricos medievais. Este facto será concretizado através de dois exemplos:

Mesmo para os pitagóricos, o cosmos e todas as coisas são determinadas pelo número *três*: Princípio, meio e fim (Heinz-Mohr 1971, 309). No Antigo Testamento, a sacralidade do três é atribuída ao encontro de Abraão com Deus, que lhe apareceu como uma trindade: "E o Senhor apareceu-lhe

---

apócrifa, foi retirada de uma Bíblia de Lutero. Ver literatura: Die Bibel: Nach der Übersetzung Martin Luthers.

[16] Ver URL: https://digital.onb.ac.at/rep/osd/?11345682 (acedido em 24/05/2024).

[...] E ele [Abraão] levantou os olhos e viu, e eis que três homens estavam diante dele" (Gn 18,1.2). Na tradição cristã, o número três representa a Trindade de Deus (Beigbeder 1998, 458; Heinz-Mohr 1971, 308 f.). A referência vem da fórmula batismal do Evangelho de Mateus: "[...] batizando-os em nome do Pai, do Filho e do Espírito Santo" (Mt 28,19). Jonas esteve três dias no peixe (Jonas 2,1), e diz-se que a ressurreição de Cristo teve lugar ao terceiro dia (1 Coríntios 15,4). O três torna-se assim o número da perfeição e da plenitude na fé cristã (Heinz-Mohr 1971, 308).

O número *quatro, por* outro lado, surgiu já na Antiguidade em termos terrenos, isto é, como número do mundo: segundo o filósofo natural grego Empédocles, o mundo é constituído pelos quatro elementos fogo, água, terra e ar (Aster 1968, 48-50). No Antigo Testamento, o Jardim do Éden é alimentado por quatro riachos do paraíso (Gn 2,10) e há quatro margens do mundo (Ez 7,2). Esta ideia é adoptada no cristianismo, como se pode ver na carta de um monge cartuxo, que se refere às quatro partes do mundo, aos quatro elementos e aos quatro ventos principais (Eco 1993, 58). A relação dos quatro com o mundo pode ser rastreada para além da Idade Média até Friedrich Schiller, que estabelece a mesma relação no *Punschlied*: "Four elements/ Innig gesellt/ Bilden das Leben/ Bauen die Welt" (Friedrich Schiller Archive 2022).[17] Na secção 6 deste artigo, outras alegorias numéricas são discutidas em contexto.

Em relação ao significado dos números, há que referir um outro aspeto das construções românicas que, à partida, não tem referências simbólico-alegóricas, mas que descreve uma base pragmática das cabanas de construção da Alta Idade Média. Albrecht Kottmann, engenheiro diplomado, analisou os métodos de medição dos mestres construtores românicos. Salienta que a base das medições se refere ao triângulo

[17] O URL correspondente pode ser encontrado na bibliografia em *Friedrich Schiller Archive*.

equilátero ou ao quadrado, ou seja, a figuras geométricas simples que podiam ser rapidamente desenhadas em qualquer sítio com um compasso e com um determinado raio (Kottmann 1971, 14-17). Numa tal figura, podiam então ser definidas muitas dimensões diferentes, por exemplo, pela altura do triângulo ou duplicação para um hexágono, no caso de um quadrado pela diagonal ou duplicação para um octógono ou por outras extensões geométricas simples da figura, que constituíam então a base de *medição* de uma construção de edifícios para determinar, por exemplo, a altura das colunas, o espaçamento entre colunas, o diâmetro da base, etc. Kottmann utiliza cerca de 60 edifícios românicos para mostrar que a *triangulatura* ou a *quadratura* eram utilizadas como base para o dimensionamento. Para a (posterior) construção da Catedral de Milão, existem documentos de 1391 que tratam da questão de continuar a construir "ad quadratum" ou "ad triangulum" (Kottmann 1971, 14; Binding 1993, 262). Kottmann também apresenta cálculos sobre o Wimpfener Pfalz, que apoiam a tese do presente artigo e são explicados na secção 6.

4. A arquitetura medieval como portadora de significado

O historiador de arte e filósofo Günter Bandmann salienta que, na Idade Média, os significados superiores intervinham no desenvolvimento de um edifício de uma forma que ainda hoje não voltámos a descobrir (Bandmann 1998, 10-12). A partir dos fundamentos filosóficos, teológicos e estéticos acima apresentados, a procura de indicações de significado em edifícios importantes é quase inevitável. Estes significados não se referem, portanto, à estática de um edifício, nem sequer a um significado artístico, mas dão um significado à...

[...] uma referência a algo que vai para além da organização material e formal da obra de arte, uma classificação num contexto maior de significado, [...] entendendo a obra de arte como uma parábola, como uma representação, como uma emanação material de outra. (Bandmann 1998, 11).

Isto pode ser harmonizado precisamente com as ideias do escolasticismo explicadas acima, de que o *verdadeiro é* revelado no *belo.* De acordo com Bandmann, a filosofia platónica de uma *ideia por* detrás da perceção sensorial é também expressa na arquitetura medieval:

Devido ao carácter instrumental das formas "significativas" e "significantes", o reconhecimento por parte do espetador não é um ato ingénuo, mas representa originalmente uma elevada realização do intelecto, uma vez que o conceito primordial - a ideia - do objeto deve estar presente no espetador para que este possa determinar e classificar a aparência pictórica. [...] Enquanto nós nos deliciamos com a robustez do material e nos deixamos influenciar pela ingenuidade e frescura da composição espacial, na Idade Média era precisamente a sublimação do material, a integração dos elementos na estrutura especulativa do significado [...] que era excitante." (Bandmann 1998, 12 f. e 25, aspas do autor).

De acordo com Bandmann, a escolha das formas não está, portanto, relacionada com o desenho ou com uma reivindicação da *beleza das formas*, mas o *significado* das formas está no centro. Como mencionado várias vezes por Eco, Bandmann também se concentra nos aspectos "simbólicos-sugestivos" (Bandmann 1998, 15) do edifício medieval e numa "vontade de alegorizar" (Bandmann 1998, 25). No entanto, estas abordagens também foram criticadas: Segundo o historiador de arte Günther Binding, desde Bandmann a questão permanece sem resposta "[...] até que ponto a alegorização arquitetónica determinou a escolha das formas de construção [...]", a interpretação também poderia ter sido feita retrospetivamente (Binding 1998, 382 f.). No entanto, Eco já tinha apontado o problema de que o modo de pensar simbólico-alegórico era difícil de transmitir a pessoas racionais. O próprio Bandmann também comenta esta crítica: o sentido dos elementos arquitectónicos indicativos - segundo Eco, *simbólico-alegóricos* - perdeu-se a partir do século XIX. No entanto, esta mudança não deve levar a que a arquitetura do passado seja analisada sob uma estética recente (Bandmann 1998, 24). Bandmann também aborda o significado dos números simbólicos. Por exemplo, o número de elementos de suporte pode fornecer indicações simbólicas, mas as possibilidades de portadores de significado arquitetónico, numericamente simbólico, são ainda mais subtis:

O número simbólico pode também estar relacionado com as dimensões dos elementos de construção e tomar o lugar das antigas proporções determinadas por leis formais. Três ou quatro dimensões repetidas [...] são suficientes para assegurar a identidade do significado" (Bandmann 1998, 48).

Antes de analisar as estruturas de construção do Königspfalz Wimpfen sob estes aspectos de significado, será explicado brevemente o quadro teórico semiótico necessário.

5. Uma introdução à semiótica

A interpretação simbólico-alegórica das estruturas dos edifícios que se segue na secção 6 não deve basear-se em associações arbitrárias num trabalho científico. Com base nos resultados históricos empíricos e no contexto teológico e filosófico que emerge da literatura, as atribuições de significado baseiam-se no quadro teórico da semiótica. É necessário um breve resumo. Esta teoria trata de fenómenos que são geralmente entendidos como *sinais*. Em termos gerais, a semiótica examina tudo o que representa "outra coisa" (Chandler 2007, p.2). Remontando a Ferdinand de Saussure, na comunicação linguística é feita uma distinção entre o *significante,* o som de uma palavra falada, e o *significado,* que representa a ideia do que se quer dizer a um nível puramente mental. O significante e o significado são entendidos em conjunto como um *signo* (Chandler 2007 14 f.).[18] Na receção de Saussure, o significante como o som da língua foi mais tarde aplicado também à palavra escrita. Os signos de tal significação funcionam no âmbito de um acordo social no sentido de um código e tornam-se assim portadores de significado (Chandler 2007, 147). Quando ouvimos ou lemos a palavra *árvore*, imaginamos mentalmente uma entidade da natureza com uma estrutura mais ou menos uniforme, por exemplo, a imagem de um tronco com ramos, talvez com folhas verdes ou agulhas, mas no contexto de um discurso ecológico talvez a imagem de uma árvore desfolhada ou morta. Saussure sublinhou que a relação do significante com o significado não está sujeita a qualquer inevitabilidade generalizadora, ou seja, é arbitrária (Chandler 2007, 19). Isto pode ser

[18] Mais ou menos na mesma altura que a teoria *diádica* dos signos de Saussure (significante e significado, sendo este último entendido como um conceito puramente mental), Charles Sanders Peirce desenvolveu um modelo *triádico* no qual o objeto significado, possivelmente tangível, era incluído, criando assim um *triângulo semiótico*. (Chandler 2007 29-35).

ilustrado simplesmente considerando os diferentes significantes escritos ou fonéticos para uma e a mesma imagem mental - por exemplo, a *árvore* significada - em diferentes línguas. Para além da arbitrariedade, um ponto central no trabalho de Saussure é a indicação de que o *significado de* um signo - i.e. a díade de significante e significado - surge apenas da diferença em relação a outros signos. O significado do *vermelho* num semáforo resulta da diferença em relação ao *verde*. O significado da palavra *borrego numa* quinta, numa determinada situação, resulta da diferença em relação a, por exemplo, *ovelha*, mas numa ementa talvez como diferença em relação a um prato vegetariano. A análise estruturalista do texto de Saussure também aponta para a estrutura horizontal da *sintaxe* e a estrutura vertical do *paradigma* (Chandler 2007, 8485): Uma frase gramaticalmente construída corretamente com sujeito, predicado e objeto forma uma narrativa sintagmática legível horizontalmente. Num nível vertical, o sujeito, o predicado ou o objeto podem ser substituídos por outro significante, o que altera a narrativa. A teoria dos signos de Saussure já era prevista pelo *estruturalismo e* foi mais tarde transferida para além da língua, para artefactos ou rituais e, em última análise, para todos os fenómenos culturais que podem ser *lidos* de forma análoga a uma língua (Hall 2011, 36). As características saussureanas de arbitrariedade na relação entre o significante e o significado são mantidas, assim como a atribuição de significado a um signo, diferenciando-o de outros signos. Como exemplo ilustrativo de

Um exemplo da análise paradigmática vertical versus sintagmática horizontal e da atribuição de significado através da diferenciação é dado a seguir: O significado de uma igreja românica para as pessoas de fé pode ser analisado através do contraste da sua arquitetura com a de uma igreja gótica: As pequenas janelas em arco das igrejas românicas, bastante baixas, deixam entrar pouca luz na sala, tornando as impressões visuais adicionais mais difíceis de percecionar; pode supor-se uma certa privação sensorial. Talvez assim se consiga ou, pelo menos, se facilite uma contemplação interior. Quando os fiéis entravam pela primeira vez numa catedral gótica no século XIII ou XIV, as altas janelas góticas, as condições de luz criadas pelos vitrais e a perceção subjectiva das proporções do seu próprio corpo em relação ao alto interior da igreja gótica desencadeavam sensações completamente diferentes com atribuições de significado consecutivas. Os fiéis podem associar a luz a Jesus e o esplendor das cores a um mundo divino, os vitrais impõem-se como narrativas. Além disso, as próprias pessoas na sala alta sentem-se pequenas em relação ao poder divino. A justaposição das estruturas aqui referidas como exemplos corresponde a uma correlação *paradigmática vertical* paradigmática vertical, que

As atribuições de significado foram analisadas através da observação das diferenças: O próprio edifício românico ou gótico foi considerado como um significante e, através da troca mental mútua, foi possível elaborar um significado diferente, intersubjectivamente compreensível. A observação de monstros no exterior do portal oeste de uma igreja, com a subsequente entrada no interior da igreja e a passagem para o altar com uma representação da cruz, pode conduzir a uma *narrativa sintagmática* significativa para os crentes cristãos, nomeadamente a libertação de todo o mal e a redenção através da morte sacrificial de Jesus, o aspeto da diferença reside no contraste entre os monstros em frente à entrada oeste e o símbolo da cruz virado para leste no interior da igreja. A orientação do corpo no espaço e através dele pode ser *lida* horizontalmente de forma sintagmática como uma narração. O estruturalismo de Saussure foi alargado no pós-estruturalismo, incorporando, entre outras coisas, a historicidade de forma crítica: As respectivas estruturas e as suas atribuições mudam de uma forma culturalmente contingente, e as estruturas de poder influentes foram também cada vez mais deslocadas para o centro (Münker e Roesler 2000 21-35). No entanto, a contingência e a já referida arbitrariedade dos *signos* não significam que as atribuições de significado sejam arbitrárias, pelo contrário: podem certamente ser analisadas como um código dos respectivos contextos históricos e socioculturais e do já referido aspeto semiótico da diferença.

Antecipando a análise das estruturas do edifício que se segue, de acordo com a teoria semiótica - em relação a um número específico, por exemplo - o seu significado não pode ser lido apenas a partir de si mesmo; apenas emerge como um aspeto de diferença na diferenciação de outros números no contexto espacial correspondente, naturalmente também em relação ao enquadramento histórico-sociocultural. O ritmo numérico de uma fila de janelas ou arcadas pode ser lido horizontalmente numa cadeia sintagmática, criando eventualmente uma narrativa, como se verá.

Com base no contexto filosófico, teológico e estético da Alta Idade Média, o capítulo seguinte, a partir do ponto 6.3, analisará os elementos construtivos do palácio sob possíveis aspectos de significado. A contextualização histórica do mandante da construção deste palácio, Frederico I, será uma fonte adicional de interpretação.

6. O Palatinado de Wimpfen

6.1 Nomenclatura e tempo de construção

Em primeiro lugar, é necessário fazer uma observação sobre a terminologia: [19]É historicamente correto chamar aos palácios do território da Alemanha *palácios reais* e não *palácios imperiais*, uma vez que os governantes francos do império medieval eram, antes de mais, reis, enquanto o título imperial representava uma dignidade adicional que nem todos os reis alcançavam (Binding 1996, 25). Para o Palatinado de Wimpfen, construído sob o reinado do imperador Hohenstaufen Frederico I Barbarossa (Ahrens e Bührlen 1980, 10 f.), o termo incorreto *palácio imperial foi* estabelecido desde o século XIX - tal como para outros palatinados em solo alemão (Arens 1982, 47, Schlag 1940, título). Anteriormente, pensava-se que o palácio tinha sido construído no final do século XII; está documentado que o imperador Frederico I ficou lá em 1182, tal como Henrique VI em 1190 e 1194 e Frederico II em 1218 e 1235 (Binding 1996, 348-351). Escavações mais recentes efectuadas por Hans-Heinz Hartmann datam o período de construção em 11601170 (Haberhauer e Hartmann 2009, 33). Este esclarecimento será importante na secção 6.3 para a interpretação da estrutura das arcadas e da disposição das janelas do palácio.

6.2 O contexto histórico do período de construção

O período de construção do palácio imperial coincidiu com as cinco campanhas de Frederico I em Itália contra as cidades do Norte de Itália, entre 1154 e 1176. Após a morte do Papa Adriano IV, em 1159, uma cisão

[19] O termo *palácio remonta* ao *palatium*, a sede dos imperadores romanos na colina *do palatino*, em Roma. No entanto, o termo *palácio é* utilizado arbitrariamente como residência dos reis francos. Para uma panorâmica do assunto, consultar Binding 1996, 21-26, ver bibliografia.

no Colégio dos Cardeais levou à eleição de dois papas: o Papa Vítor IV, ao contrário do antipapa Alexandre III, favorável aos normandos que dominavam o Sul de Itália e a Sicília, sentia-se comprometido com o império e, portanto, com Frederico I (Görich 2006, 5059). No Concílio de Pavia, convocado pelo imperador, o episcopado imperial, sob pressão dos Hohenstaufen, decidiu reconhecer exclusivamente Vítor IV, pelo que Alexandre III excomungou o imperador. Mesmo com a morte de Vítor IV, em 1164, este cisma papal não terminou com a rápida elevação de Paschalis III pelo chanceler de Barbarossa, Rainald von Dassel. Só depois da derrota do imperador na Batalha de Legano contra as cidades lombardas, em 1176, e das consequentes tréguas em Veneza, em 1177, é que Alexandre III levantou a excomunhão e o imperador prestou-lhe o *serviço* de reconhecimento do estribo em frente à Igreja de São Marcos. O período de construção do palácio imperial foi assim ensombrado pela ocupação pouco clara da Santa Sé e pela excomunhão de Frederico I. Este conflito encontra um análogo nas estruturas simbólico-alegóricas do complexo palaciano, como se pode ver na secção 6.3.

A relação do imperador com a abadessa cristã e mística Hildegard de Bingen está ligada aos conflitos de Frederico I com Roma. Está documentada uma troca de cartas entre os dois, iniciada pouco depois da coroação do imperador (Pernoud 1996, 68 f.). A correspondência revela um respeito mútuo, com Hildegard a chamar-lhe "personalidade atraente" (Pernoud 1996, 70). No entanto, na sua última obra *Liber divinorum operum,* que começou a escrever em 1163, menciona criticamente "[...] a supressão da Sé Apostólica sob Frederico, o Imperador Romano, [que] ainda não tinha descansado." (Heieck 1998, 15). (Heieck 1998, 15). Frederico I convida Hildegard por carta a visitar o seu palácio de Ingelheim. No entanto, um encontro posterior não está historicamente confirmado (Pernould 1996, 68 f.). Independentemente do encontro pessoal em questão, é óbvio que o imperador procurou os conselhos de uma abadessa tão popular durante o período da sua excomunhão, o que lhe permitiu demonstrar a sua proximidade à fé cristã. Esta relação com Hildegard de Bingen exprime-se também nas estruturas das arcadas, como se verá.

Antes de se proceder a uma análise semiótica das estruturas do palácio de Wimpfen, importa problematizar brevemente a relação entre o autor ou cliente de um edifício medieval, por um lado, e o sector da construção civil e os pedreiros, por outro: Nesta relação, muitas questões estão ainda por resolver, como sublinha o historiador de arte e arqueólogo Wolfgang Metternich (Metternich 2008, 129). No entanto, Binding salienta que não era tanto o artista, mas sim o cliente que era responsável pela atribuição de significado, que depois devia ser realizado pelas mãos dos artistas ou artesãos (Binding 1998, 9). Através da escolha dos construtores, o mecenas do século XII "[...] determinava a direção das suas intenções [...]" (Bandmann 1998, 46). Inicialmente, tratava-se certamente de se inspirar nos estilos de construção dos governantes anteriores. A arquitetura do tempo de Frederico I utilizava carateristicamente as formas da arquitetura eclesiástica românica tardia, o que é evidente, por exemplo, nas estruturas de arcos redondos e colunas (Boockmann 1998, 115); Boockmann refere a este respeito o palácio de Gelnhausen. No entanto, a forma a receber nunca é completamente captada, o modelo é "[...] decomposto em partes típicas de acordo com o significado, e estas são reagrupadas na cópia." (Binding 1998, 48).

A cidade de Wimpfen, situada no cimo da colina, não foi certamente fundada pela dinastia dos Hohenstaufen, mas o edifício do Palatinado data da época dos Hohenstaufen (Knoch 1983, 353). As investigações sobre a época da construção e a estadia de Frederico I em 1182 permitem identificá-lo como o construtor (ver 6.1). No entanto, não existe qualquer registo escrito do edifício do Palatinado no que diz respeito à organização do processo de construção. A análise que se segue baseia-se nas considerações de Binding de que o construtor Frederico I influenciou a atribuição de significado através das cabanas de construção.

6.3 Análise semiótica das estruturas dos edifícios do Wimpfener Königspfalz

6.3.1 Localização e estrutura de base

A figura 1 mostra a planta do local dos componentes que são o foco do trabalho. Estão situados no extremo norte do chamado Eulenberg, na direção do vale do Neckar. A frente norte preservada do palácio, que já não se conserva, está assinalada com a seta vermelha, a leste da qual se vê a capela palatina preservada (a abside original de arco redondo já não se conserva).

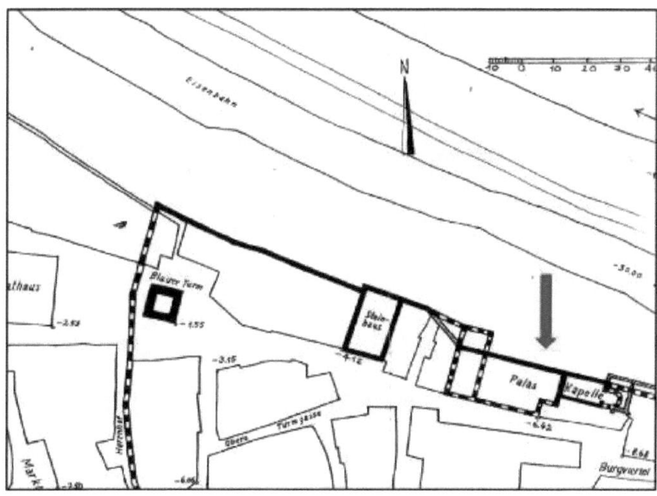

Fig. 1 Planta do sítio, (excerto de: Arens 1967, placa 1 em apêndice) A seta vermelha foi acrescentada pelo autor.

A primeira razão para examinar semioticamente o Palatinado de um ponto de vista simbólico-alegórico foi um ritmo numérico marcante da frente da arcada e uma construção de colunas igualmente marcante, que parece exigir uma explicação de acordo com a visão histórica religiosa e filosófica do mundo.

Fig. 2 Frente da arcada do Wimpfener Pfalz, lado norte, foto: autor

À esquerda (a partir de leste), a Figura 2 mostra primeiro a fachada norte da Capela Palatina. Segue-se, à direita (para oeste), a fachada do palácio real, com um grupo de quatro e dois grupos de cinco arcadas separadas por pilares. Por fim, na fachada do palácio, vê-se uma janela dupla com uma coluna central. Os pilares não podem ser explicados por possíveis paredes divisórias no edifício do palácio; a estrutura de arcadas delimita o grande salão no exterior, no qual era exercido o gabinete de governo do rei ou imperador com os seus criados, enviados e mensageiros (Haberhauer 2008, 69). Numa época em que as estruturas dos edifícios funcionavam como portadoras de significado e a medida e o número representavam elementos de ordem no mundo, este ritmo 4-5-5 do

A frente das arcadas tem um carácter de estímulo interpretativo. Uma vez que a fila de janelas da capela se encontra ao mesmo nível e está virada para o vale do Neckar numa frente com as arcadas, a abordagem semiótica deve começar a partir de leste com a capela, de acordo com uma sintaxe horizontal e sob os aspectos da diferença de Saussure.

6.3.2 Capela do Palatinado

[20]Eis a vista da capela a partir da fachada sul:

Fig. 3 Capela do Palatino (frente sul), foto: autor

A igreja de nave única - dedicada a São Nicolau - tem três janelas em arco nas fachadas norte e sul, o edifício alarga-se ligeiramente a oeste e, em vez de uma única janela, tem

[20] O estado atual resulta de um restauro entre 1908 e 1911, uma vez que a capela foi convertida em edifício residencial com cavalariças em 1837. Detalhes sobre o assunto: Arens 1967, 57-72.

Também nas fachadas norte e sul havia uma janela dupla com uma coluna central. Atrás da janela dupla encontrava-se a galeria privada do imperador e da imperatriz, à qual o casal governante tinha acesso direto a partir do palácio. Assim, uma parte da parede oeste da capela era também a parede leste do palácio (Arens 1967, 68), ver também a Fig. 1. O número três numa igreja da Alta Idade Média remete para a perfeição divina e para a Trindade, como se viu acima. A janela dupla contrasta o três com uma estrutura de dois. A partir da época patrística, o número *dois* foi associado à natureza divina e humana de Cristo (Sachs, Badstüber e Neumann 1988, 373).[20] A sequência sintagmática de uma estrutura de três com dois numa igreja da Alta Idade Média pode assim ser lida simbólica e alegoricamente como um sinal que aponta emicamente para Cristo. O facto de este aspeto não ser uma interpretação recente pode ser inicialmente plausibilizado por uma constatação histórico-artística suprarregional: Na Alta Idade Média, Cristo foi muitas vezes representado com a bênção da mão, em que, consoante a tradição eclesiástica, uma justaposição de dois dedos aos outros três dedos da mão é caracterizada por uma extensão ou curvatura, exemplificada no tempo dos normandos na Catedral de Monreale (construída em 1174-1185):

Fig. 4, abside da Catedral de Monreale, foto: autor

[20] A natureza divina *e* humana de Cristo foi adoptada como dogma no Quarto Concílio de Calcedónia, em 451. Esta decisão foi determinante para o desenvolvimento teológico posterior do cristianismo (Franzen 2006, 88 f.).

Desde a antiguidade romana, foi transmitido um *gesto de fala* em que o polegar, o indicador e o dedo médio da mão direita estão estendidos e os dois últimos dedos estão enrolados. É o chamado *gesto latino* (Onasch 1981, 132).[21] Esta posição da mão foi adoptada no cristianismo, com várias modificações, como *gesto de bênção*. O *gesto latino* é contrastado com o *gesto grego*, que conheceu um desenvolvimento especial em Bizâncio e na Rússia (Onasch 1981, 132): A cruz "litteral" era representada como um gesto de bênção (Onasch 1981, 220), em que o χ grego (chi) - referente a Cristo - é simbolizado pelo cruzamento dos dedos indicador e médio; do mesmo modo, o polegar cruza o dedo anelar e o dedo mindinho é curvado como o dedo anelar. A representação de Monreale parece corresponder a esta variante.

Independentemente destas diferentes variantes gregas e latinas, o número dois é simbolicamente contrastado com o três no gesto da bênção. Como descrito acima, o dois é atribuído à natureza divina e humana, o três à Trindade (Sachs, Badstübner e Neumann 1988, 373; Onasch 1981, 220). Na pintura, este simbolismo é ainda citado séculos mais tarde no *gesto latino*, por exemplo no Menino Jesus de Leonardo da Vinci na sua *Madona na Gruta*.[22]

Este gesto cristão de bênção está agora também relacionado com a Capela Palatina de Wimpfen: os mestres-de-obras de uma remodelação gótica do coro da Capela Palatina de Wimpfen prestaram homenagem a este aspeto, como se pode ver por uma pedra-chave preservada que ainda pode ser vista na capela (atualmente o Museu de História da Igreja):

---

[21] Gostaria de agradecer a Katharina Flügel, Professora Emérita da Academia de Ciências da Saxónia, Leipzig, pelos seus conselhos e literatura sobre o gesto romano de orar e a sua diferente receção no gesto cristão de abençoar.

[22] Ver URL Louvre, Paris: https://www.pariscityvision.com/en/paris/museums/louvre-museum/madonna-of-the-rocks (acedido em 08/08/2022).

Fig. 5 Bênção da mão, Capela Palatina de Wimpfen, foto: autor

Embora a pedra angular esteja desgastada pelo tempo, os dedos indicador e médio estendidos são claramente reconhecíveis. O ritmo numérico 3-2 encontra-se, assim, na Capela Palatina, no exterior da fachada da janela e no interior, num simbolismo claramente cristão, referindo-se à Trindade e à natureza divino-humana de Jesus.

De referir ainda que, segundo Kottmann, a entrada da capela foi calculada de acordo com o princípio da triangulação, ou seja, o triângulo equilátero serviu de medida (Kottmann 1971, 205), o que pode ser lido como uma indicação da Trindade, como se explica de seguida a partir de outros dados fornecidos por Kottmann.

O facto de o ritmo 3-2 da fileira de janelas simbolizar a referência cristã aqui interpretada pode, naturalmente, ser criticado como especulativo em si mesmo. No entanto, de acordo com a teoria semiótica acima descrita, este significado pode ser plausível na sintaxe adicional da fila de arcadas de acordo com o aspeto semiótico da diferença.

6.3.3 Palácio

O edifício do palácio segue para oeste como residência e local de governo do rei ou imperador, ou seja, o representante do poder secular. Como se viu acima, apenas a fachada norte do palácio, com a estrutura de arcadas, ainda existe. Observando a frente desta secção imperial do edifício (ver Fig. 2), as arcadas estão divididas em 3 grupos de arcos por 2 pilares, como já foi referido, resultando num ritmo 4-5-5. A primeira estrutura de 4 pilares, ao contrário das duas estruturas seguintes de 5 pilares, não pode ser atribuída a alterações posteriores. Como já foi referido, o muro oriental do palácio forma também a fachada ocidental da capela; as duas secções do edifício foram construídas como uma unidade. Numa época em que a medida e o número representam um sistema de ordem, não se pode assumir a aleatoriedade. Este ritmo 4-5-5 das arcadas deve ser semioticamente contrastado com o ritmo 3-2 das janelas da capela; o aspeto da diferença leva à atribuição de um significado: como se viu acima, o número quatro é atribuído ao mundo terreno. Em termos de alegoria numérica, isto é rigoroso em relação ao edifício do palácio imperial como lugar onde se exerce o poder mundano. A literatura sobre iconografia cristã indica que a justaposição de uma estrutura de três e de uma estrutura de quatro pode ser a base deliberada de composições arquitectónicas para referir a justaposição simbólica da Trindade divina e do mundo terreno (Sachs, Badstübner e Neumann 1988, 146). Existe também uma correlação com os dados que comprovam a *quadratura* como base das medições nas arcadas, em contraste com a *triangulação* na Capela Palatina (Kottmann 1971, 203-205). O próprio Kottmann considera este facto em Wimpfen "espantoso [...]" (Kottmann 1971, 205), mas a análise de significado aqui apresentada fornece uma explicação para estas medições. A sinopse dos resultados empíricos disponíveis, de acordo com o modo de pensar da Alta Idade Média, aponta já para uma decisão consciente dos construtores em relação à alegoria numérica. O posterior duplo 5 das arcadas pode ser interpretado a partir do contexto histórico, reflectindo a influência de Hildegard von Bingen: Umberto Eco sublinha o significado do 5 em relação a Hildegard. "O misticismo de Santa Hildegarda [...] baseia-se no simbolismo da proporção e na magia misteriosa do cinco" (Eco 1993, 77). Na sua última obra, *Liber divinorum operum,* a abadessa e mística - tal como Vitrúvio e, mais tarde, Leonardo da Vinci - relaciona as proporções do homem enquanto microcosmos com o macrocosmos (Heieck 1998, 91-97; 216). O *número cinco desempenha* aqui um papel decisivo (Heieck 1998, 257, Heinz-Mohr 1971, 310). Tal como Hildegard divide a terra em cinco áreas, ela divide o ser humano vertical e horizontalmente em cinco partes do corpo: Cabeça, tronco, abdómen, coxa e perna, por um lado, e duas vezes o antebraço e o braço, com o tronco no meio, por outro. Segundo Heinz-Mohr, "as filas de cinco nas esculturas românicas devem, portanto, ser consideradas como simbólicas e de modo algum como meramente >>decorativas<<" (Heinz-Mohr 1971, 310, sublinhado do autor). Hildegard von Bingen escreveu a obra supracitada entre 1163 e 1170 (Heieck 1998, blurb).

Isto corresponde exatamente ao período de construção do Wimpfener Pfalz, e a estreita relação de Hildegard com Frederico I Barbarossa já foi descrita acima. O *Liber divinorum operum* centra-se na relação do homem com o mundo, ou seja, como alegoria numérica, o *cinco* para o homem duas vezes em relação ao número *quatro* do mundo. O ritmo numérico 4-5-5 do palácio secular, numa sequência horizontalmente contínua, e o ritmo 3-2 da capela, com as suas conotações cristãs, podem ser lidos contextualmente como um significado simbólico alegórico, tal como descrito na teoria semiótica do aspeto da diferença: A alegoria numérica refere-se à relação microcosmo-macrocosmo, que o governante secular expressou em referência à sua conselheira cristã Hildegard.

Hildegard era uma mulher politicamente interessada, como demonstra a sua correspondência com Frederico I. Tal como outros místicos da época, ela procurava uma relação individual com Deus, contornando assim o papel sacerdotal de mediadora que lhe era negado. Assim, "questionou a ordem hierárquica (da Igreja)". (Borst 1983, 416, parêntesis do autor). Isto torna-a uma pessoa interessante para Frederico I na situação política do dualismo entre império e papado, sobretudo, é claro, em ligação com o cisma papal e a excomunhão de Alexandre III. O próprio imperador não deixou dúvidas de que a sua dignidade não dependia da sua coroação pelo papa: Uma citação de Frederico I serve de exemplo: "Uma vez que pela eleição do

Príncipes, o reino e o império são só nossos, de Deus [...]" [2](citado de Bookmann1998, 97). 4

Apesar de todos os conflitos com o papado, o contacto de Frederico I com Hildegard pretendia certamente não deixar dúvidas quanto às suas raízes cristãs na fé. A ligação dos Hohenstaufen ao cristianismo está também patente na estrutura de pilares do Palatinado como símbolo de importância. Este facto também pode ser trabalhado paradigmaticamente através do aspeto da diferença da semiótica, nomeadamente na demarcação das colunas de arcadas semelhantes em comparação com o palácio de Gelnhausen, que também foi construído sob Frederico I Barbarossa cerca de 10 anos mais tarde, provavelmente entre 1170 e 1180 (Binding 1996, 263):

Fig. 6 Colunas da arcada de Wimpfen. Foto: Autor

[24] Segundo Bookmann, a citação provém de textos da chancelaria de Barbarossa (Bookmann 1998, 96 f.) cuja fonte não é especificada na secção em questão.

Fig. 7 Colunas da arcada de Gelnhausen. Foto: Autor

É de notar que, em Wimpfen, foram fixadas duas colunas de bordo diretamente em cada pilar. Isto não é estático nem necessário do ponto de vista da estética superficial, como se pode ver na comparação com Gelnhausen, onde faltam as colunas duplas nos pilares. Se *a beleza,* como já foi explicado em pormenor, tinha de se referir à verdade que lhe está subjacente e se a ordem do mundo se baseia na *medida e* no *número*, então é de supor que o *número* de colunas foi intencional e, por conseguinte, deve ter também um significado alegórico. Assim, em Wimpfen, o grupo de quatro arcadas não tem 3 mas 5 pares de colunas, ou seja, 10 colunas, enquanto os dois grupos de cinco têm 2 x 12 colunas. As colunas não são apenas uma garantia de estabilidade, mas, tal como os obeliscos egípcios, também foram erigidas na época grega e romana sem qualquer função arquitetónica, como se pode ver, por exemplo, na Coluna de Trajano em Roma. As colunas simbolizam a ligação entre o céu e a terra, entre Deus e o homem (Heinz-Mohr 1971, 250 f.). No contexto cristão e em relação às Sagradas Escrituras, os números *dez* e *duas vezes doze* têm conotações muito claras, pois ambas as vezes estão no contexto de uma revelação de Deus ao homem: O encontro de Moisés com Deus no Monte Sinai conduziu à entrega dos Dez Mandamentos. No Antigo Testamento, a aliança de Deus com Abraão conduziu às 12 tribos de Israel, que, segundo a interpretação cristã, se referem aos 12 apóstolos no Novo Testamento. Segundo Heinz-Mohr, o número doze, que aparece noutros contextos da Bíblia, é "um dos números mais importantes, literalmente um leitmotiv da Bíblia" (Heinz-Mohr 1971, 312). A referência a Deus e à fé cristã teria, portanto, sido demonstrada pelo construtor em todas as disputas políticas com o papado no edifício como um sinal de significado.

A oeste, depois da fileira de arcadas, há outra janela dupla com um pilar central (ver Fig. 2), mas a janela foi visualmente muito mais elaborada do que a janela dupla da Capela Palatina e parece maior, embora a abertura real da janela tenha a mesma altura que as arcadas adjacentes. Arens escreve também que o desenho arquitetónico desta janela se destaca claramente do que a rodeia. (Arens 1967, 48). Atrás desta janela encontra-se uma sala abobadada e, a partir da comparação com o palácio de Gelnhausen e o palácio de Eger, ambos com uma janela dupla semelhante, Arens conclui que esta sala poderá ter correspondido a uma capela privada (Arens 1976, 49); a sala poderá também ter sido utilizada para guardar relíquias ou jóias imperiais (Arens e Bührlen 1979, 29). No entanto, como o objetivo desta sala é especulativo, não tentaremos aqui interpretar o número de dois.

6.3.4 Aspeto da conceção do pilar

Fig. 8 Coluna com nós nas arcadas. Foto: Autor

Vale a pena mencionar aqui um pequeno achado secundário no que diz respeito ao simbolismo e à alegoria, que pode ser visto nas colunas do palácio: Os fustes das colunas têm um desenho muito diferente, sendo particularmente notáveis as duas chamadas *colunas nodosas*, que são consideradas na história da arte como *apotropaion*, ou seja, como um sinal que evita a catástrofe (Sachs, Badstübner e Neumann 1988, 44).

A base para este facto poderá ter sido os chamados pilares das bestas.[23] Monstros interpretados como demoníacos, tais como serpentes ou dragões, eram frequentemente representados entrelaçados nestes pilares de animais,

[23] Um exemplo ilustrativo desta situação pode ser encontrado em Souillac, URL: https://upload.wikimedia.org/wikipedia/commons/1/13/Souillac%2C_Abbaye_Sainte-Marie-PM_32034.jpg (acedido em 19/08/2022).

com o dragão de um animal a agarrar o corpo de outro animal, o que era entendido como uma *domesticação. A* abstração deste entrelaçamento - o nó - plausibiliza a interpretação apotropaica, segundo a qual os poderes antidivinos deviam ser domados (Sachs, Badstübner e Neumann 1988, 214). As colunas com nós aparecem frequentemente - como em Wimpfen - no lado norte, como os lados escuros virados para o lado oposto ao sol; o lado norte é também frequentemente associado a acontecimentos apocalípticos. (Beigbeder 1998, 301). Uma coluna nodosa, interpretada da mesma forma, encontra-se no portal norte da igreja de St Thomae em Merseburg (Sachs, Badstübner e Neumann 1988, 214), cujo período de construção coincide com o Palatinado de Wimpfen.

6.3.5 A *orientação* geográfica da capela e do palácio

A Capela do Palatino já estava documentada em 1293 como *Capela de São Nicolau.* A ligação histórica reside na união da dinastia Hohenstaufen com os normandos que dominavam o sul de Itália através do casamento de Henrique VI, filho de Barbarossa, com a princesa normanda Constança em 1186 (Stürner2009, 15). Os restos mortais de São Nicolau de Myra são venerados na Basílica de São Nicolau em Bari; nos tempos dos normandos e dos Hohenstaufen, era honrado como "[...] o santo mais importante da recém-adquirida Baixa Itália [...]" (Arens 1967, 17).

As igrejas cristãs estão *orientadas para* leste, ou seja, para o nascer do sol, desde o século V, o mais tardar (Beigbeder 1998, 298 f.). Por um lado, esta orientação era justificada pelo facto de Jerusalém se situar a leste.

Um argumento litúrgico vem do Evangelho de João, no qual Jesus é descrito como a "luz do mundo" (João 8,12). Por isso, o sol é também considerado um símbolo de Cristo. A orientação para leste significa que os primeiros raios do sol nascente podem entrar no interior da igreja através de uma janela na abside. Segundo a tradição cristã, o regresso de Cristo também era esperado a partir do Oriente: "ex oriente lux" (Beigbeder 1998, 299). No entanto, muitas igrejas medievais não estão orientadas exatamente para o oriente geográfico. A orientação oriental corresponde frequentemente à direção em que o sol nasce no horizonte no dia da igreja do santo padroeiro dessa igreja (Beigbeder 1998, 299). O facto de a orientação das igrejas medievais de acordo com o dia do seu santo padroeiro ser bastante comum é também comprovado por um trabalho que também trata das possibilidades dos métodos de medição medievais e dos fundamentos matemáticos (Eckstein, Büll e Hörnig 1995, passim). Neste contexto, pode acrescentar-se um aspeto significativo à orientação para leste da Capela Palatina de Wimpfen - e, por conseguinte, também do edifício do palácio, que foi construído de acordo com a capela: Otto Scriba descreve a orientação da capela como tendo um desvio de 10° para sul (ver também planta do local, Fig. 1). Este desvio axial coincide com o nascer do sol de 6 de dezembro, dia de São Nicolau, o que seria de esperar de acordo com o patrocinium (Scriba 1924, 58). Segundo a sua publicação, Scriba mandou efetuar as medições por amigos matemáticos, mas não existem dados de cálculo. Martin Kieß, que durante anos mediu igrejas medievais com um grupo de trabalho do Ludwig Uhland Gymnasium em Kirchheim/Teck, também efectuou cálculos para a Capela do Palatinado em Wimpfen em 2009/2010. Naturalmente, a substituição da

Juliano pelo calendário gregoriano. As 150 igrejas até agora analisadas por este grupo de trabalho revelaram que apenas dez por cento das linhas de construção se referiam ao dia do santo padroeiro da respectiva igreja; a maioria das orientações referia-se a outros santos importantes (Kostner 2010). De acordo com as suas conclusões anteriores, Kieß parte também do princípio de que, para as linhas de construção, o que era decisivo não era a orientação *a calcular*, mas sim o nascer do sol de acordo com a localização topográfica: as colinas circundantes, etc., fazem com que o nascer do sol de uma determinada igreja apareça com um atraso correspondente. Por um lado, isto relativiza as técnicas de medição apresentadas por Eckstein et al. 1995, mas, por outro lado, é mais compreensível: as possibilidades de medição e cálculo para determinar o leste geográfico ou o nascer do sol geográfico de um determinado dia de igreja não estavam certamente disponíveis em todos os locais e em todas as alturas, e a abordagem topográfica também torna o nascer do sol no respetivo dia sensorialmente compreensível para as pessoas na respectiva igreja. As medições efectuadas pelo grupo de trabalho liderado por Kieß mostraram que a Capela do Palatinado em Wimpfen estava orientada para 22 de fevereiro. Este dia é conhecido no calendário eclesiástico da Igreja Católica Romana como a *Cátedra de Pedro* e celebra a nomeação do Apóstolo Pedro para o cargo de bispo romano. Os papas são considerados os seus sucessores numa sucessão apostólica ininterrupta (Franzen 2006, 109 f.). O período de construção durante a excomunhão de Barbarossa, em que a ocupação da Santa Sé foi de importância decisiva para Frederico I, encontra assim um correlato na linha de construção. O facto de a linha de construção só ser visível para o observador em situações excepcionais (a partir da torre de defesa ocidental - a atual Torre Azul - teria sido visível no

22 de fevereiro), não desempenha qualquer papel segundo a filosofia e a estética medievais. Como explicado em pormenor acima, existe uma verdade por detrás da perceção superficial dos sentidos. A "dialética entre a ideia e a realidade aparece como uma dialética entre a coisa e a sua essência" (Eco 1993, 129). [24]Na catedral de Reims, por exemplo, há figuras

[24] Gostaria de agradecer a Tobias Frese, do Instituto de História da Arte Europeia da Universidade de Heidelberg, por este comentário sobre o fenómeno da "ilegibilidade" e por outras sugestões sobre a estética da receção na história da arte.

reais altamente elaboradas no alto dos contrafortes, cuja finura não pode ser sequer remotamente percebida pelos espectadores; a obra acabada só era visível "aos olhos de Deus" (Pinder 1992, 53) . Neste mundo de fé, pré-científico do nosso ponto de vista, os artefactos funcionavam na sua pura existência, como se pode ver também no poder de defesa do demónio atribuído às colunas com nós. Se a orientação da Capela Palatina e, portanto, também do palácio para a *celebração da cadeira de Pedro pode* ser atribuída a uma decisão consciente de Frederico I, a ideia subjacente permanece especulativa para nós. No entanto, a coincidência da orientação parece, pelo menos, questionável em relação ao contexto histórico.

7 Resumo e avaliação crítica

O ritmo numérico notável das janelas da capela do palácio e a fila de arcadas do palácio real de Wimpfen, a ordem igualmente notável das colunas e a ostentação destas estruturas de construção foram trabalhados como portadores de significado no presente trabalho. O contexto histórico e sócio-cultural serviu de ponto de partida, com os padrões de pensamento filosófico, teológico e estético da época da construção a desempenharem um papel central na interpretação. A literatura sobre edifícios medievais como portadores de significado foi utilizada para legitimar o projeto. O quadro teórico da semiótica foi utilizado como método de análise. A semiótica de Saussure sublinha que o significado de um signo não reside em si mesmo, mas só pode ser inferido a partir da diferença e da justaposição a outros signos contextuais num nível horizontal. Assim, tanto a arquitetura como as estátuas, os relevos e os ornamentos da Alta Idade Média podem ser *lidos* semioticamente como uma narrativa:

É importante aprender a ler estas obras pictóricas. A leitura destas imagens consegue-se aprendendo e compreendendo primeiro as letras, depois as palavras e, por fim, as frases inteiras, como na literatura [...] Se compreendermos como ler estas imagens, a Idade Média dá ao espetador uma visão completamente nova dos seus mundos de vida a partir de uma perspetiva diferente (Metternich 2008, 9).

Ao quadro histórico e sócio-cultural pode acrescentar-se um outro argumento de apoio à tese: Em 1999, a Fundação Alemã de Investigação (DFG) aprovou um grupo de formação em investigação na Universidade de Münster sobre o tema "Simbolismo social na Idade Média" (Westfälische

Wilhelms-Universität Münster 2000).[25] Tendo em conta os problemas recentes nos processos de comunicação com outros sistemas sociais culturais, a Idade Média é utilizada como paradigma:

A pluralidade das culturas tornou o problema da compreensão e da tradução virulento desde cedo e deu origem a uma consciência [sic!] em relação à comunicação formalizada e a uma sensibilidade para a legibilidade dos sinais que não era necessária em sociedades mais simples e homogéneas. Ao mesmo tempo, o sistema de interpretação alegórica do mundo, do homem, da história e da sociedade, desenvolvido a partir da exegese bíblica da patrística judaica, impregnou todos os domínios da vida de um significado transcendental, que conferiu aos símbolos uma dignidade ontológica (Westfälische Wilhelms- Universität Münster 2000).

Só a partir deste projeto de investigação, que foi prolongado pela DFG até 2005, é possível deduzir a importância que deve ser atribuída à leitura de símbolos reconhecidos a nível nacional, ainda hoje. E, hoje em dia, as pessoas estão praticamente inundadas de *símbolos sob a* forma de *ícones*: desde sinais de trânsito, passando por instruções de casa de banho e avisos sobre os perigos de substâncias tóxicas, até aos *ícones* do mundo digital.

Na crítica à minha tese, deve ser dito claramente que não há provas para esta leitura das estruturas dos edifícios analisados a partir do contexto histórico. Günther Binding já foi citado com a sua crítica de que a alegoria também poderia ser lida nos edifícios como um significado retrospetivo (Binding 1998, 382 f.). No entanto, um argumento contra esta crítica já foi mencionado tanto por Umberto Eco como por Günther Bandmann: a estética medieval é inicialmente estranha para nós, mas não podemos nem devemos analisar a arquitetura do passado sob uma estética recente (Bandmann 1998, 24).

---

[25] Ver URL na literatura em *Westfälische Wilhelms-Universität Münster 2000.*

Na minha opinião, a interpretação apresentada neste trabalho é fortemente plausível com base nas características conspícuas acima mencionadas e no contexto correspondente. Segundo Eco, o aspeto mais caraterístico da sensibilização estética medieval foi a visão simbólico-alegórica do mundo, uma procura de interpretação (Eco 1993, 79-83). De acordo com Bandmann, existe um "impulso de alegorização" para compreender os edifícios em termos do seu significado (Bandmann 1998, 25). Mas mesmo assumindo que todas as estruturas e formas numéricas empiricamente tangíveis descritas neste trabalho são um produto do acaso, estamos mais perto do pensamento e da vida do homem medieval na *tentativa de interpretação* orientada para o contexto do que com factos históricos puramente documentáveis.

Literatura

Arens Fritz (1967): Die Königspfalz Wimpfen, Deutscher Verlag für Kunstwissenschaft GmbH, Berlim.

Arens Fritz e Bührlen Reinhold (1980): Wimpfen: Geschichte und Kunstdenkmäler, auto-editado pela Associação Alt-Wimpfen, Bad Wimpfen.

Arens Fritz (1982): Wimpfen as the new centre of Hohenstaufen power on the lower Neckar, in: Regia Wimpina: Beiträge zur Wimpfener Geschichte, Verein "Alt Wimpfen" (ed.), pp. 39-56, auto-editado pela Associação Alt-Wimpfen, Bad Wimpfen.

Aster Ernst von (1968): História da Filosofia, Kröner, Estugarda.

Bandmann Günter (1998): Mittelalterliche Architektur als Bedeutungsträger, Gebrüder Mann, Berlim.

Beigbeder Oliver (1998): Lexicon of Symbols: Schlüsselbegriffe zur Bildwelt der romanischen Kunst, Echter, Würzburg.

Binding Günther (1993): Baubetrieb im Mittelalter, Wissenschaftliche Buchgesellschaft, Darmstadt.

Binding Günther (1996): Deutsche Königspfalzen von Karl dem Grossen bis Friedrich II. (765-1240), Wissenschaftliche Buchgesellschaft, Darmstadt.

Binding Günther (1998): Der früh- und hochmittelalterliche Bauherr als sapiens architectus, Wissenschaftliche Buchgesellschaft, Darmstadt.

Bookmann Hartmut (1998): Stauferzeit und spätes Mittelalter: Deutschland 1125-1517, Siedler, Berlim.

Borst Otto (1983): Alltagsleben im Mittelalter, Insel, Frankfurt am Main.

Cancik Hubert e Mohr Hubert (1988): Religionsästhetik, in: Hubert Cancik et al. (eds.): Handbuch religionswissenschaftlicher Grundbegriffe, Kohlhammer, Stuttgart, pp. 121-156.

Chandler Daniel (2007). *Semiotics: The Basics.* Routledge. Londres, Nova Iorque.

A Bíblia (1999): Após a tradução de Martinho Lutero, com apócrifos, Sociedade Bíblica Alemã (ed.), Estugarda.

Diemer Alwin (1970): Ontologie, in: Alwin Diemer and Ivo Frenzel: Philosophie, Fischer Bücherei, Frankfurt am Main/Hamburg, pp. 209-240.

Dollmann Jürgen (2021): Discursos e actuações espirituais nos centros alemães de Ayurveda: Análise transdisciplinar e integrativa de um procedimento terapêutico "holístico", recurso online, Heidelberg. URL: https://archiv.ub.uni-heidelberg.de/volltextserver/30648/ (acedido em 23/08/2022).

Eckstein Rudolf, Büll Franziskus, Hörnig Dieter (1995): Die Ostung mittelalterlicher Klosterkirchen des Benediktiner- und Zisterzienserordens, in: Studien und Mitteilungen zur Geschichte des Benediktinerordens und seiner Zweige, vol. 106, número 1, 1995, EOS, ST Ottilien, pp. 7-78.

Eco Umberto (1993): Kunst und Schönheit im Mittelalter, 6ª edição 2004, Deutscher Taschenbuch Verlag GmbH & Co, Munique.

Elberfelder Studienbibel mit Sprachschlüssel (2005), texto n.º 21, 1.ª edição 2005, Brockhaus, Wuppertal.

Franzen August (2006): Kleine Kirchengeschichte, Herder, Freiburg im Breisgau.

Arquivo Friedrich Schiller (2022): Punschlied, URL: https://www.friedrich- schiller-archiv.de/gedichte-schillers/kurze-gedichte/punschlied/ (acedido em 06/08/2022).

Gadamer Hans-Georg (1965): Philosophisches Lesebuch, Fischer, Frankfurt am Main e Frankfurt.

Görich Knut (2006): Die Staufer, Herrscher und Reich, Munique.

Haberhauer Günther (2008): Die Staufer und ihre Pfalz zu Wimpfen,

Verein "Alt Wimpfen" e.V. (ed.), Bad Wimpfen.
Haberhauer Günther, e Hartmann Hans-Heinz (2009): Neue archäologische Erkenntnisse zur Baugeschichte der Königspfalz Wimpfen, in: Kraichgau: Beiträge zur Landschafts- und Heimatforschung Folge 21, Heimatverein Kraichgau (ed.), pp. 17-33, Eigenverlag des Heimatvereins Kraichgau, Eppingen.
Hall Stuart (2011): The Work of Representation. In Stuart Hall (ed.): Representation: Cultural Representations and Signifying Practices, p.1374), SAGE, Londres et al.
Heieck Mechthild (1998, ed./trans.): Hildegard de Bingen: Das Buch vom Wirken Gottes, Liber divinorum operum, Pattloch, Augsburg.
Heinz-Mohr Gerd (1971): Lexikon der Symbole: Bilder und Zeichen der christlichen Kunst, Eugen Dietrichs, Colónia.
Knoch Peter (1983): Die Errichtung der Pfalz Wimpfen - Überlegungen zum Stand der Forschung, in: Landesdenkmalamt Baden-Württemberg (ed.): Forschungen und Berichte der Archäologie des Mittelalters in Baden-Württemberg, vol. 8, Stuttgart, 343-367).
Kostner Claudia (2010): Die Heiligen und der Sonnenaufgang, in: Heilbronner Stimme, Jahrgang 65 Nr. 186, 14 de agosto de 2010, Heilbronner Stimme GmbH & Co KG, Heilbronn, p. 38.
Kottmann Albrecht (1971): Das Geheimnis romanischer Bauten, Hoffmann, Stuttgart.
Metternich Wolfgang (2008): Bildhauerkunst des Mittelalters: Botschaften in Stein, Wissenschaftliche Buchgesellschaft, Darmstadt.
Münker Stefan e Roesler Alexander (2000): Poststructuralism, Metzler, Weimar.
Onasch Konrad (1981): Liturgie und Kunst der Ostkirche in Stichworten: unter Berücksichtigung der Alten Kirche, Koehler & Amelang, Leipzig.

Papineau David (2006): Philosophie: Eine illustrierte Reise durch das Denken, Nikolaus de Palézieux (trad.), Wissenschaftliche Buchgesellschaft, Darmstadt.

Pernoud Régine (1996): Hildegard de Bingen: O seu mundo - a sua obra - a sua visão, Herder, Freiburg im Breisgau.

Pinder Wilhelm (1992): Die Anerkennung des Betrachters, in: Wolfgang Kemp (ed.): Der Betrachter im Bild. Kunstwissenschaft und Rezeptionsästhetik, Reimer, Berlim, pp. 51-59.

Poeschel Sabine (2007). Handbuch der Ikonographie: Sakrale und profane Themen der bildenden Kunst, Wissenschaftliche Buchgesellschaft, Darmstadt.

Sachs Hannelore, Badstüber Ernst, Neumann Helga (1988): Christliche Ikonographie in Stichworten, Koehler & Amelang, Leipzig.

Schlag Gottfried (1940): Die deutschen Kaiserpfalzen, Klostermann, Frankfurt am Main.

Scriba Otto (1924): Wimpfen am Neckar: Imagens da história e da arte, Salzer, Heilbronn.

Stürner Wolfgang (2009): Friedrich II. 1194-1250, Wissenschaftliche Buchgesellschaft, Darmstadt.

Westfälische Wilhelms-Universität Münster (2000): Relatório Anual 1999, URL: https://www.uni-muenster.de/Rektorat/jb99/jb9956.htm (acedido em 23/08/2022).

Printed by Books on Demand GmbH, Norderstedt / Germany